Bibliographic information published by the German National Library:

The German National Library lists this publication in the National Bibliography; detailed bibliographic data are available on the Internet at http://dnb.dnb.de .

Imprint:

Print and binding: Books on Demand GmbH, Norderstedt Germany
ISBN: 9783668667341

This book at GRIN:

https://www.grin.com/document/285420

Samuel Ramirez Galindo, Alfredo Aguilar Romero, Zayra Yael Medina Luna

Sistema de seguridad autónomo para casa habitación

GRIN Verlag

INSTITUTO TECNOLÓGICO SUPERIOR DE TIERRA BLANCA

INGENIERÍA EN SISTEMAS COMPUTACIONALES

"SISTEMA DE SEGURIDAD AUTÓNOMO PARA CASA HABITACIÓN"

Presentado por:
Alfredo Aguilar Romero

Contenido

Resumen:

Esta investigación surge como una forma de recopilar y obtener datos acerca del uso de las nuevas tecnologías en el hogar. Principalmente se busca remarcar la problemática en los hogares por la falta de buena seguridad, los robos y accidentes tienen maneras de prevenirse y aquí se muestra una de ellas, la utilización de domótica, y se expresan ideas sobre cómo sería un sistema de seguridad ideal para el hogar; un sistema de seguridad diferente que se adapte a las necesidades de sus usuarios y aprenda sobre ellos. Llamado como sistema de seguridad autónomo, ya que este será autosuficiente y sus funciones no serán solo proteger el hogar, sino proteger a sus habitantes de cualquier amenaza y lograr brindar auxilio en caso de accidentes. Toda la teoría sobre el sistema de seguridad autónomo para casa habitación se encuentra en las siguientes páginas.

Palabras clave: sistema de seguridad, prevención de robos y accidentes, programación y base de datos.

Abstract:

This research emerges as a way to collect and gathering data about the use of new technologies in the home. It mainly seeks to highlight the problems in homes due to the lack of good security, thefts and accidents have ways to prevent it and here is one of them, the use of domotics, and expressed ideas on how would be an ideal home security system; a system of different security that suits the needs of your users and learn about them. Called as security system self-employed, since this will be self-sufficient and its functions will not only protect the home, but protect their inhabitants from any threat and achieve providing aid in case of accidents. All the theory about the stand-alone security system for home room is located on the following pages.

Keywords: security system, preventing theft and accidents, programming and database.

Sistema de seguridad autónomo en casa-habitación.

Domótica.

> *"El origen de la domótica se remota a los años 70´s, cuando tras de muchas investigaciones aparecieron los primeros dispositivos de automatización de edificios basados en la aun exitosa tecnología x-10. Durante los años siguientes la comunidad internacional mostro un creciente interés por la búsqueda de la casa ideal." (López y Valdez, 2012, p.1).*

La domótica es un concepto muy importante en los sistemas de seguridad, se define como:

> *"La incorporación al equipamiento de nuestras viviendas y edificios de una sencilla tecnología que permita gestionar de forma energéticamente eficiente, segura y confortable para el usuario los distintos aparatos e instalaciones domésticas tradicionales que conforman una vivienda." (Maestro, 2010, p.5).*

Tomando otro concepto en el que se abarca la raíz etimológica tenemos que la domótica es:

> *"La tecnología encuentra en el hogar un campo de posibilidades apasionantes, y la Domótica es una de ellas. Este término, que se introdujo en España a través de los Pirineos en la década de los noventa, procede del latín domus (casa y hogar) y del griego automática (que actúa autónomamente).*
>
> *La Domótica es una disciplina técnica, en efecto, que tiene una faceta social no menos importante. Como primera aproximación y a costa de simplificar tal vez en exceso (conducta muy arriesgada, como quedará de manifiesto enseguida), afirmaremos que la Domótica consiste en introducir infotecnología en los hogares para mejorar la calidad de vida de sus habitantes y ampliar sus posibilidades de comunicación, automatizando procesos domésticos e intercomunicando tanto estos procesos como los residentes del hogar entre sí y con el exterior. La infotecnología es pues la herramienta, las personas sus destinatarios, la satisfacción de determinadas necesidades suyas su objetivo". (Martín y Sáez, 2006, p.VII).*

En sí la domótica, relaciona todas las partes tecnológicas necesarias en el hogar y las integra de manera adecuada, logrando la buena relación entre la tecnología y el hogar. Una parte importante que abarca la domótica son los sistemas de seguridad en el hogar, ya que en esta se centran las bases para su diseño e implementación. Siempre tratando de mantener un ambiente armónico entre el hogar y la tecnología que se implemente, de esta manera se busca que los sistemas de seguridad para el hogar sean confortables para sus usuarios.

Sistema de seguridad para el hogar.

> *"Con la apertura del mercado de Sistemas de Seguridad han surgido diferentes sistemas, sensores y diseños para proveer de las seguridades necesarias a bienes y áreas dentro de los cuales interactúan. Muchos sistemas permiten al usuario tener acceso visual a sus hogares desde cualquier lugar mediante el empleo del Internet como medio de acceso a una imagen en tiempo real para de esta forma poder tener pleno conocimiento del estado del hogar. Teniendo esto en cuenta y la amplia gama de sistemas existentes y las facilidades que nos brindan, hemos realizado un análisis de posibles elementos y sensores a emplear. Además se ha estudiado su ubicación dentro del hogar con el objetivo principal de brindar un diseño compatible con cualquier entorno que optimice el monitoreo y control de un ambiente; reduciendo de esta manera el número de recursos empleados y el número de errores suscitados al momento de discernir entre alarmas falsas y alarmas reales. Lo cual conlleva a un desempeño con resultados satisfactorios para las necesidades de los usuarios". (Apolo y otros, 2009, p.1).*

Los sistemas de seguridad en el hogar buscan de alguna manera mejorar la calidad de vida de sus usuarios, nuestro sistema de seguridad autónomo tiene como objetivos aparte de resguardar la seguridad de sus usuarios, fomentar una cultura de cuidado del agua, reciclaje y enseñar formas de actuar en accidentes. En definición un sistema de seguridad es:

> *"Una serie de sistemas tecnológicos que aportan diferentes servicios al hogar, estos servicios pueden ser de seguridad, bienestar, comunicación, de gestión energética, etc. Estos sistemas pueden ser integrados por redes de comunicación tanto interiores como exteriores ya sea de forma inalámbrica o alambrada". (López y Valdez, 2012 p.1).*

López y Valdez muestran a los sistemas de seguridad, como muchos sistemas que realizan tareas diferentes y están englobados en un sistema mayor y estos están constantemente intercomunicados tanto en el interior como en el exterior. Las características de un sistema de seguridad para el hogar pueden variar según el tipo de sistema y las necesidades de sus usuarios, López y Valdez las definen en cuatro puntos enfocados en el usuario ya que es quien va a interactuar con el sistema.

> *"**Simple y fácil de utilizar.** El sistema de control debe ser simple y fácil de utilizar para que sea aceptado por el usuario final. La interface de usuario deberá ser sencilla o intuitiva de utilizar para permitir un aumento del confort.*
>
> ***Flexible.** Debe tener previa la posibilidad de adaptaciones futuras, de forma que ampliaciones y modificaciones se puedan realizar sin un costo elevado ni un esfuerzo grande.*
>
> ***Modular.** El sistema de control del hogar debe ser modular para evitar fallos que puedan llegar a afectar a todas la vivienda y además deben permitir la fácil aplicación de nuevos servicios.*
>
> ***Integral.** El sistema debe de permitir el intercambio de información y comunicación en las diferentes áreas de gestión de la casa, de forma que los diferentes subsistemas estén perfectamente integrados". (López y Valdez, 2012, p.2).*

Para nuestro sistema de seguridad autónomo tomamos estas características como base fundamental y agregamos las siguientes:

- Control del flujo de agua en el hogar.
- Administración completa del encendido y apagado del sistema de luz.
- Capacidad de aprender y enseñar a las personas.
- Dar instrucciones a las personas en caso de accidentes
- La capacidad de distinguir a las distintas personas que vivan en el hogar.
- Intuición de posibles situaciones de riesgo.
- Conocimiento general de las características de los usuarios.
- Sustentabilidad y resistencia en caso de sobre carga o cualquier falla.
- Cierre total del hogar, en caso de alguna amenaza externa (robo, fenómeno natural, ataque).
- Administración de las válvulas de gas y estufas o parrillas.

Estas características son las que vuelven a nuestro sistema de seguridad autónomo, debido a que con ello buscamos que el usuario se sienta mucho más seguro que con un sistema de seguridad convencional e incluso tenga la confianza de poder dejar a sus hijos a cargo del sistema de seguridad autónomo.

Vigilancia por medio de cámaras de video.

Las cámaras de video son una parte fundamental en un sistema de seguridad para el hogar, como nos menciona Rivas y Velázquez (2011, p.8) las cámaras de seguridad por el simple hecho de encontrarse a la vista crean un efecto que evita el robo o vandalismo. La ventaja principal de las cámaras de seguridad puede definirse como que:

> *"El propietario, no necesita estar físicamente en el lugar de monitoreo, cada vez que ocurra algún incidente, se pueden consultar las grabaciones para comprobar lo que ocurrió. Los grabadores digitales suelen ser de 4, 8 o 16 cámaras, por lo tanto se puede observar en cada pantalla hasta el monitoreo de 16 cámaras.*
>
> *Para poder llevar a cabo un monitoreo adecuado es necesario hacer una elección de cámaras correcta bajo las siguientes condiciones: área que se pretende vigilar, ubicación, nivel de seguridad, calidad de imagen requerida, entre otros. Las características dependen de las necesidades del usuario principalmente, siendo la principal necesidad la seguridad de sus bienes y el aviso oportuno en caso de ocurrir algún evento". (Rivas y Velázquez, 2011, p.8).*

Podemos ver a las cámaras de vigilancia como una forma de estar seguros de que nuestro hogar se encuentra a salvo cuando nos encontremos fuera, ya que actualmente la tecnología ha ido avanzado de manera increíble, ahora podemos tener acceso a las cámaras de seguridad desde cualquier parte, por medio de internet y esto es lo que nosotros buscamos en nuestro sistema de seguridad autónomo, contar con cámaras de vigilancia especializadas y con conectividad a internet en tiempo real.

Para que el usuario pueda tener una mayor tranquilidad al salir de su hogar, y aparte de la instalación de cámaras de vigilancia en sitios visibles, también nuestro sistema de seguridad autónomo debe tener cámaras de vigilancia ocultas así por cualquier daño intencional o accidental a las cámaras de vigilancia visibles, se pueda seguir teniendo video en tiempo real del hogar. La instalación de las cámaras de vigilancia será tanto en el exterior como en el interior del hogar logrando así una visión completa.

Transductores.

> *"Un transductor, en general, es un dispositivo que convierte una señal física en otra señal de diferente tipo de energía con cierta relación matemática entre ellas. En la transducción siempre se extrae una cierta energía del sistema donde se mide, por lo que es importante garantizar que esto no lo perturbe. Hay seis tipos de señales diferentes: mecánicas, térmicas, magnéticas, eléctricas, ópticas y moleculares o químicas". (Salazar, 2009, p.3).*

Según esta definición los transductores se pueden clasificar en:

> *"a) SENSORES. Son dispositivos que funcionan como captadores de información de un proceso por lo que también se denominan captadores o detectores. En general, transforman una magnitud física en una señal eléctrica de baja potencia o en una señal óptica.*
>
> *b) ACTUADORES. Son dispositivos susceptibles de modificar la evolución del proceso, sistema o planta. Por lo general, convierten una señal eléctrica en una acción física o química. Ejemplos: motores eléctricos, calefactores, ventosas, vibradores, cilindros neumáticos o hidráulicos, bombas, electroimanes, etc". (Salazar, 2009, p.3).*

En un sistema de seguridad principalmente son necesarios los sensores ya que estos son los que obtienen y envían la información, en si podría decirse que son con los que nuestro sistema de seguridad puede dar órdenes a las distintas herramientas que lo constituyen.

> *"Los sensores empleados deben ubicarse basados en el entorno de trabajo y las capacidades y modos de operación de los mismos, puesto que ellos comunican al sistema si el domicilio fue o no violentado y permiten al usuario y al sistema tomar los correctivos necesarios para evitar el robo en el lugar". (Apolo y otros, 2009, p.2).*

Los sensores se clasifican de forma general de la siguiente manera:

"– Según requerimientos de fuente de energía

• Activos o Pasivos

– Naturaleza de la señal de salida

• Digitales o Analógicos

– Naturaleza de la magnitud a medir

• Mecánicos, Térmicos, Magnéticos, Químicos, etc.

– Variable física de medida

• Resistivo, Inductivo, Capacitivo, Piezoeléctrico, etc". (Vignoni, 2003, p.4).

El sistema de seguridad autónomo para casa-habitación va a contar con los siguientes sensores:

- Sensor ambiental. Servirá para poder cerrar ventanas o lugares abiertos en caso de lluvia y para poder resguardar a las personas en caso de algún fenómeno meteorológico.
- Sensor de movimiento. Con este sensor el sistema podrá ubicar a las personas que se encuentren dentro y a los alrededores de la casa.
- Sensor de calor. Este sensor se utilizará para mostrar las condiciones de los aparatos en el hogar y poder evitar sobrecargas, y también será utilizado para que el sistema pueda determinar de forma rápida si una persona sufre algún accidente.
- Sensor de proximidad. Con este sensor se el sistema tendrá una idea clara la distancia a la que encuentran las personas y los objetos en el hogar.
- Sensor Biométrico. Con este sensor el sistema de seguridad podrá definir de forma clara el estado de salud de las personas.

Con estos sensores nuestro sistema de seguridad autónomo podrá incluso prever algún accidente y evitarlo, y hacer un análisis de la salud actual de las personas y darse cuenta cuando esta cambie. Incluso nuestro sistema de seguridad autónomo puede llamar al hospital o clínica más cercana en caso de que alguien dentro o en los alrededores del hogar sufra un accidente y no se encuentre cerca una persona para auxiliarlo.

> *"Un sensor ideal o un sensor perfecto es aquel que suministra una señal exactamente proporcional a la magnitud medida, con total independencia de la amplitud, forma de variación y condiciones ambientales. La representación gráfica de la función de transducción es una recta que pasa por el origen cuya pendiente es la sensibilidad (s) del transductor como se muestra en la **figura 1**". (Salazar, 2009, p.6).*

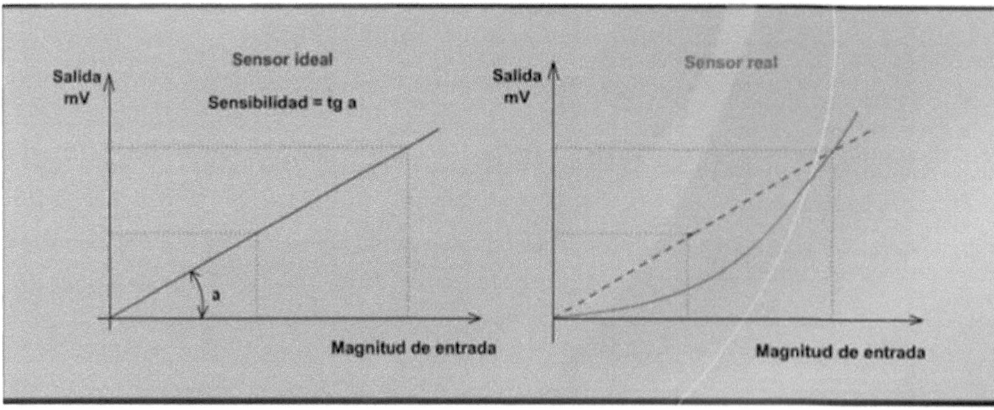

Figura 1. La representación gráfica de la función de transducción.

Sensor de proximidad.

> *"Reciben el nombre de detectores de objetos todos los dispositivos que proporcionan una señal en función de la presencia de un objeto. La detección de la presencia de un objeto depende de varios factores: la distancia, la velocidad, el tipo de material, etc. La variación de estos factores en amplios márgenes, hace que existan diferentes procedimientos de detección que dan lugar a otros tantos tipos de sensores.*
>
> *Existen dos formas principales en que un objeto actúa sobre un sensor, que se diferencian por la existencia o no de contacto entre ambos:*
>
> *Sensores con contacto: son sensores en los que el objeto toca físicamente al sensor y cierra o abra uno a más circuitos eléctricos.*
>
> *Sensores sin contacto: son sensores que detectan la presencia de un objeto sin necesidad de que exista un contacto físico entre el objeto y dicho sensor". (Salazar, 2009, p.8).*

Tarjeta arduino.

> *"Arduino es una plataforma de código abierto, basada en una sencilla placa con entradas y salidas analógicas y digitales. Posee un entorno de desarrollo basado en el lenguaje Processing/Wiring. Puede recibir señales de una variedad de sensores y afectar su entorno controlando luces, motores o actuadores, ya sea trabajando de manera autónoma o a través de un programa corriendo en un computador (por ejemplo, Macromedia Flash, Processing, Max/MSP, Pure Data, SuperCollider). Se compone de un micro controlador Atmel AVR que viene pre-programado con una secuencia de arranque (Boot Loader), por lo que no necesita un programador externo". (Thomson, 2009, p.2).*

Con esta tarjeta nuestro sistema de seguridad autónomo realizará sus interacciones con los sensores de manera rápida y eficaz, gracias a que la tarjeta arduino es de software libre la podemos programar dependiendo de nuestras necesidades y a la cantidad de sensores que tenga nuestro sistema de seguridad.

Energía Alternativa.

El sistema de seguridad autónomo para casa-habitación promete consumir una gran cantidad de energía para poder realizar de manera correcta todas sus funciones, debido a que esto genera costos elevados en las cuentas de luz y aparte daños al ambiente, optamos por aparte de implementar nuestro sistema de seguridad autónomo también implementar otro tipo de domótica enfocada a fuentes de energía alternativas, logrando con ello una forma amigable con el ambiente de mantener los requerimientos eléctricos del sistema de seguridad autónomo.

> *"La domótica controla y automatiza la gestión inteligente de la vivienda. Aporta confort, comunicación y seguridad, además de gestionar eficiente-mente el uso de la energía, favoreciendo el ahorro de agua, electricidad y combustibles.*
>
> *Mediante la incorporación de sistemas domóticos en su hogar, podrá gestionar inteligentemente la iluminación, climatización, agua caliente sanitaria, el riego, los electrodomésticos, etc., aprovechando mejor los recursos naturales, utilizando las tarifas horarias de menor coste, y de esta manera reducir su factura energética mientras gana en confort y seguridad.*
>
> *El creciente consumo de energía y la limitación de los recursos energéticos generan efectos negativos en el medio ambiente que se reflejan en dos aspectos:*

Económico: los precios de la energía tienden a subir, por lo que un control del consumo energético incrementa significativamente el ahorro para el usuario.

Ecológico: el usuario puede disminuir el impacto negativo sobre su entorno si disminuye su consumo de energía.

La domótica gestiona elementos de control que contribuyen al ahorro de agua, electricidad y combustibles". (CDOM y otros, 2008, p.5 y 12).

Energía eólica.

La energía eólica es la energía que se produce por medio del viento gracias a los aerogeneradores como se muestra en la figura 2, sus principales ventajas son:

"Es energía renovable: habrá viento hasta que el sol se extinga o la atmosfera desaparezca.

Es energía limpia, sin emisión de gases de efecto invernadero.

El impacto ambiental de las instalaciones eólicas es muy pequeño.

Proporciona diversificación rural y empleo local, es fácil de integrar en redes de potencia eléctrica ya existentes.

El diseño de aerogeneradores es flexible y con aplicaciones diversas.

El coste de producción ha bajado más de un 80%.

Los aerogeneradores están diseñados para producir energía eléctrica de la forma más barata posible. Así pues, están generalmente diseñados para rendir al máximo a velocidades alrededor de 15 m/s. Es mejor no diseñar aerogeneradores que maximicen su rendimiento a vientos más fuertes, ya que los vientos tan fuertes no son comunes. En el caso de vientos más fuertes es necesario gastar parte del exceso de la energía del viento para evitar daños en el aerogenerador. En consecuencia, todos los aerogeneradores están diseñados con algún tipo de control de potencia. Hay varias formas de hacerlo con seguridad en los modernos aerogeneradores". (UCML, 2011, p.4, 44 y 65).

Figura 2. El aerogenerador es un generador eléctrico movido por una turbina accionada por el viento. Fuente: https://www.ck12.org/book/CK-12-Biology-Concepts/section/6.27/

"En la actualidad, los sistemas domóticos ofrecen una gran variedad de funcionalidades orientadas a monitorizar el consumo de agua, de combustibles y el consumo eléctrico de todos los sistemas de la vivienda: electrodomésticos, iluminación, sistemas de comunicaciones, refrigeración y/o calefacción, etc.

Monitorizar la calidad del suministro eléctrico permite, además, notificar remotamente la información al suministrador de electricidad, mejorando así el funcionamiento global del sistema de distribución eléctrica para ajustar con más exactitud los patrones de producción a los hábitos de consumo". (CDOM y otros 2008, p.16).

Robo en casa-habitación.

La violación a propiedades ajenas es cosa de todos los días en México y es considerado uno de los problemas más perentorios en nuestro país. La incidencia criminal ha venido aumentando desde hace muchos años atrás a partir del 2009, principalmente y enfocado hacia los delitos de robo a casa-habitación como punto de partida que ha afectado a la ciudadanía de nuestro país, y a su vez trayendo consecuencias como grandes pérdidas sobre el recurso familiar, que va desde objetos e incluso también la muerte de sus seres queridos.

La sustracción de objetos en casa-habitación es una infracción que realiza una persona al apoderarse de patrimonios impropios por parte del mismo, irrumpiendo propiedades privadas como es en el caso de la casa-habitación.

> *"El robo a casa habitación se refiere a la violación de la vivienda por parte de extraños para apoderarse de los bienes de la familia. El robo a casa habitación y los abusos telefónicos son los delitos más comunes que pueden presentarse en el hogar". (SSP, 2007, p. 13).*

Es demasiado alarmante la cifra de robos a casas-habitación, pero este va incrementando año con año. Dicho acrecentamiento se presenta en diferentes partes y momentos en la cual no existe empleo satisfactorio para los involucrados.

> *"Podríamos decir que en la actualidad el delito de robo a casa habitación es uno de los crímenes que ha ido incrementándose cada vez más en México; en la mayoría de los casos los delincuentes esperan a que la casa quede sola, por lo que no hay víctimas físicamente". (ARCIÓN, 2013, p.25).*

Estas víctimas incumben a todos los niveles sociales, a su vez incluyendo a familias de escasos recursos como a familias con recursos satisfactorios. Es importante aludir que debido al temor con la que se encuentran estas víctimas al ser acometidos nuevamente por cómplices de los delincuentes o por ellos mismos, las víctimas no denuncian el delito hacia las autoridades. Hoy en día existen muchas formas en la que los robos a casa-habitación pueden presentarse debido a los descuidos y habilidades con las que los delincuentes actúan, las cuales suelen considerarse las de violencia o las que no presentan violencia. Los robos a casa-habitación sin violencia ocurren cuando la familia no se encuentra en el hogar por algún motivo, ya que los malhechores tienen como destreza vigilar las casas que pretenden robar. Con violencia se da cuando la familia o los dueños de la casa no se encuentran en el hogar y reciben amenazas o agresiones físicas por parte de los malhechores, este caso se da ya que algunas de las víctimas suelen intentar evitar que los delincuentes no roben en sus hogares, ocasionando un enfrentamiento con los primeros y provocando lesiones o en algunos casos la muerte de alguno de los involucrados.

> *"El robo a casa habitación tiene dos modalidades que son: con violencia y sin violencia. El primero representó de 2006 a 2013 entre el 9% y 12% del total de las denuncias de robo a casa habitación. Es necesario mencionar que de 2006 a 2012, el robo a casa habitación con violencia tuvo un importante aumento en el número de denuncias pasando de 8 mil a 14 mil, lo que representa un aumento del 65%". (SLJ, 2013, p.8).*

El aumento va desde las situaciones que se interponen en los días de las semanas que se repiten en correspondencia a las horas del día. Los robos no violentos se dividen en proporciones de manera igual que van desde la mañana hasta la noche. Los otros robos a casa-habitación se encuentran en la tarde y en la madrugada, es decir, a partir de las seis y media de la tarde hasta las seis y media de la mañana, estos robos son más recurrentes durante estos lapsos de periodo, sin embargo, en otras situaciones estos varían, ya que no se tiene establecido concretamente las horas, ya que no estamos hablando de un empleo regular sino de violencias a la privacidad ajena que se da en cualquier momento según las posibilidades y habilidades que tengan estos rufianes, y su índice va incrementando con el transcurso del tiempo y no solo en una sola parte del país, sino en muchas más como es Baja California hasta los lugares más recónditos de nuestra nación y también de manera internacional.

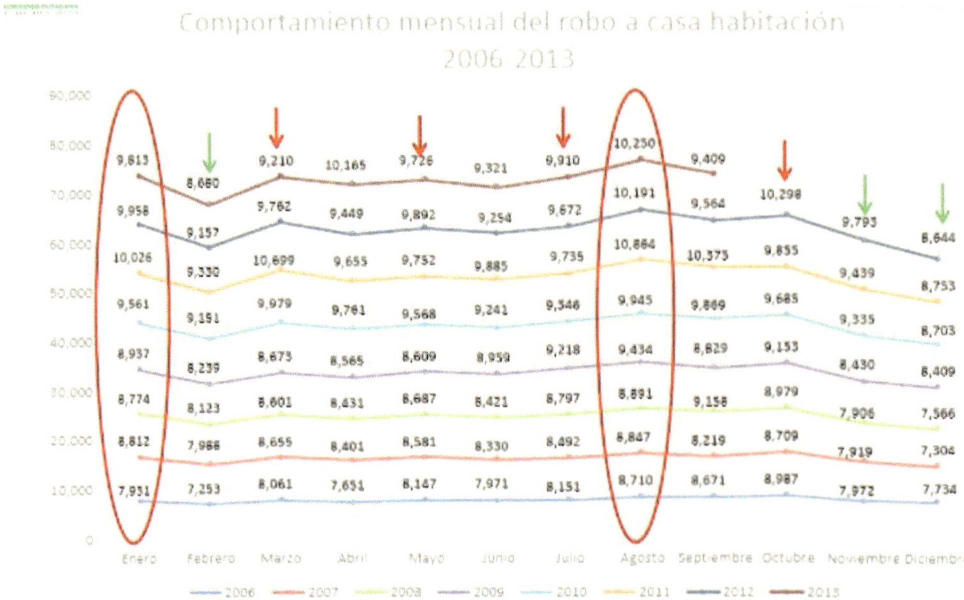

Gráfico 1. En la gráfica superior, nos podemos dar cuenta que enero, marzo y agosto son los meses con mayor número de denuncias de robo a casa habitación, esto se puede deber a los periodos vacacionales. Fuente: Delitos en México.

La búsqueda de seguridad en el hogar es una de las más grandes ansiedades que tiene la sociedad hoy en día. Los accidentes y delitos son contextos o situaciones que se dan con mayor frecuencia en nuestro país, no obstante los esfuerzos del gobierno que otorga en el caso de la seguridad hacia la ciudadanía, así como a casa-habitación que se encuentren involucrados en el robo por delincuentes o respectivamente. Al igual que los accidentes o situaciones que se presentan inesperadamente en los hogares produciendo graves daños tanto como físicos como materiales, e incluso la muerte de los mismos habitantes del hogar, debido a la violencia que enfrentan cuando se ven involucrados en situaciones como es el caso del robo a propiedades ajenas.

"El robo a casa habitación en México representa entre el 15% y 18% del total de los robos denunciados entre 2006 y 2013. Conforme a información del SESNSP, las denuncias por robo a casa habitación de 2006 a 2012 pasaron de 97 mil a 115 mil, representando un aumento del 19%. De acuerdo a la ENVIPE 2013, el robo a casa habitación es el sexto delito más frecuente, con una tasa de 2,656 delitos por cada 100 mil habitantes". (SLJ, 2013, p.7).

El robo a casa-habitación en México afecta gravemente la calidad de vida para las personas debido a su continuo crecimiento, ya que este se da frecuentemente, esto no solo afecta la economía que da lugar al patrimonio familiar, sino también al impacto psicológico que conllevan a causa de los distintos factores involucrados en la violencia y robo en casas-habitación. La incidencia de esta violación también viene aumentando como mencioné anteriormente. Aunque es uno de los delitos de mayor impacto social, el robo a casas-habitación se denuncia muy poco. La encuesta sobre inseguridad realizada por el ICESI en 2004, revela que en la República las autoridades dan noticia de uno de cada 24 robos de esta índole que se cometen. Como es de suponerse, hay estados en los cuales la cifra negra es todavía mayor.

"La entidad que padece más robos a casas-habitación es Baja California. La encuesta de ICESI registró 306 robos de esta naturaleza por cada mil hogares. La siguen en importancia Baja California Sur con 211; Quintana Roo con 176; Sinaloa con 164; Yucatán con 138; Chihuahua con 124 y Sonora con 117. En la República hubo en total 75 robos por cada mil hogares. El DF está debajo de la media nacional con 70. Una de las características que distingue a los robos de esta índole es que una vez que un hogar es asaltado, la probabilidad de que vuelva a serlo se multiplica. En Baja California, por ejemplo, de cada cien hogares que fueron robados en 2004, treinta lo fueron una sola vez, cuarenta dos veces, veinte tres veces y diez cuatro veces o más. Se encuentran en situación muy semejante Quintana Roo, Sonora, Sinaloa, Guerrero, Coahuila y Baja California Sur. En la República fueron asaltados poco menos de un millón 400 mil hogares ese año, pero el total de robos ascendió a 2 millones 100 mil. Los 700 mil de más se deben a los que fueron asaltados cuando menos dos veces". (Ruiz, 2011, p.1).

Estas cifras han sido consideradas y se le han dado mucha importancia debido a las violaciones de la privacidad en el hogar, pero también estos cometidos se ven destacados cuando los familiares se encuentran de vacaciones. La venida de las vacaciones de verano comúnmente por ser más prolongadas es un señuelo muy atractivo para los amigos de lo ajeno, que aprovechan la ausencia de los propietarios para robar en las casas y violar los derechos de privacidad que se tienen. A continuación se enumeraran 10 consejos para la seguridad en la casa:

1. *"No comentes frente a desconocidos sus planes ni fechas de vacaciones.*
2. *Asegúrate de dejar bien cerradas puertas y ventanas.*
3. *Deja algo de ropa tendida, parecerá que hay alguien en casa.*
4. *Utiliza el contestador automático y baje al máximo el volumen del timbre de tu teléfono.*
5. *Solicita a un vecino o al conserje que recojan eventualmente tu buzón de correo para evitar el exceso de correspondencia.*
6. *No dejes objetos valiosos en terrazas sin cerramiento.*
7. *Poda los arbustos de la fachada que podrían facilitar una intrusión.*
8. *Evalúa todos aquellos elementos exteriores que faciliten el acceso a la vivienda e intenta minimizar riesgos.*
9. *Llama a la policía si al regresar a casa ves alguna puerta o ventana forzada.*
10. *Si cuentas con un sistema de alarma recuerda conectarlo siempre cuando te vayas de casa". (García, 2011, p.3).*

Aquí hace mención sobre el sistema de alarma, que da lugar a la casa-habitación como sistema inteligente debido a las incorporaciones e instalaciones que se plantean en dicha solución para la solventación de violaciones a los hogares. Si instalamos un sistema de alarma en casa, esta se deben de activar siempre y cuando vayamos de vacaciones pero, si optamos pasar el verano en casa, también es bueno activarlo parcialmente mientras estemos dentro de nuestro hogar, ya que no hay que olvidar que, sobre todo, en casas grandes, muchos robos se producen estando los dueños en casa, por lo tanto este sistema de seguridad de casa-habitación será de un buen beneficio.

Es común comentar nuestro destino de viaje y las fechas de vacaciones propuestas con los más allegados a la familia pero, sin embargo, no es recomendable dar a conocer información frente a desconocidos qué días tenemos deliberado estar fuera de nuestro hogar. Y otro de los puntos más importantes y claves para evitar un robo inesperado en casa durante las vacaciones de verano o cualquier otro tipo de vacaciones, es asegurarnos de cerrar correctamente todas las puertas y ventanas, pero si en un caso dado esto llegara a suceder, el sistema de casa-habitación la cual estará incorporado con sistemas de alarmas y sensores ayudaran a resolver este problema y a evitar estas violaciones a nuestra privacidad en el hogar.

Por ende hacemos la recomendación de contar con sistemas de seguridad en el hogar tales como: video vigilancia, alarmas de intrusión, sensores de movimiento que van involucrado los sensores de sistemas autónomos como sensores de presencia, fotoeléctrico por mencionar algunos, cámaras de circuitos cerrado, etc.

Accidentes en el hogar.

> *"La Organización Mundial de la Salud, define al accidente como un hecho súbito de presentación rápida o instantánea, producido por situaciones o actos inseguros previos al momento que tiene lugar, seguido de lesiones o la muerte y/o daños materiales que pueden interrumpir un proceso de producción y en el que el factor humano interviene como elemento causal la mayor parte de las veces.*
>
> *La Ley General de Salud, define al accidente como un hecho súbito que ocasiona daños a la salud y que se produce por la concurrencia de condiciones potencialmente prevenibles.*
>
> *El 3 de Junio de 1987, se instaura el Consejo Nacional para la Prevención de Accidentes, participando dependencias e instituciones de los sectores; público, social y privado, coordinados por la Secretaria de Salud. En el Estado de México se crea el Consejo Estatal de Prevención de Accidentes (COEPRA).*
>
> *En lo que se refiere a la morbilidad, los accidentes que ocurren en el hogar ocupan el primer lugar en frecuencia". (ISSEMYM, 2009, p.2).*

Las personas a lo largo de su vida siempre han de sufrir accidentes, algunos inevitables y otros que posiblemente se pudieron evitar, los resultados de estos accidentes son diversos van desde heridas leves hasta la muerte; muchos accidentes ocurren en el sitio donde las personas pasan más tiempo "el hogar".

> *"El origen de la vivienda tuvo lugar en el período neolítico cuando el hombre a causa del instinto de conservación se alojó en el interior de las cuevas para protegerse de los agentes del exterior y a su vez conseguir el descanso y el sueño.*
>
> *El hogar se considera como una de las necesidades primarias del hombre por lo que en ese espacio físico se deberá tener todas las comodidades y las precauciones para que ésta sea segura". (ISSEMYM, 2009, p.6).*

> *"El hogar es el sitio que ofrece mayor seguridad y tranquilidad a las personas. Sin embargo, en ocasiones, puede suponer cierto peligro. Tanto las personas adultas como los niños pueden tener accidentes en el hogar por curiosidad, negligencia o*

desconocimiento. Dado que en el hogar es donde los ciudadanos pasan muchas horas a lo largo de su vida, es allí donde también existen mayores posibilidades de que surja algún accidente de cualquier tipo. Sin embargo, no todos los miembros de la familia tienen las mismas posibilidades de sufrir un accidente. Hay tres colectivos de personas que son los que sufren accidentes con mayor frecuencia:

• Los niños menores de 5 años.

• Los ancianos mayores de 65 años.

• Amas de casa: las mujeres, sobre todo las mayores de 45 años, son uno de los grupos de población que más lesiones sufren dentro del hogar. La cocina es uno de los escenarios clave para la aparición de estos accidentes". (FACUA Andalucía, 2010, p.5).

Los accidentes domésticos son una gran causa de muerte principalmente en niños y personas mayores, de manera internacional. A continuación se muestra una gráfica de la "tasa de mortalidad" y fallecidos por accidentes domésticos en algunos de los países más desarrollados.

"La importancia de conocer con precisión las cifras reales de la epidemia de los accidentes domésticos y de ocio radica en el paradigma de que «lo que no se sabe medir no se puede mejorar». No en vano, a pesar de las actuaciones preventivas que se puedan desplegar, si no hay un sistema confiable de medida de la accidentalidad no se podrá saber si han repercutido en mejorar los índices de siniestralidad o, por el contrario, si han empeorado.

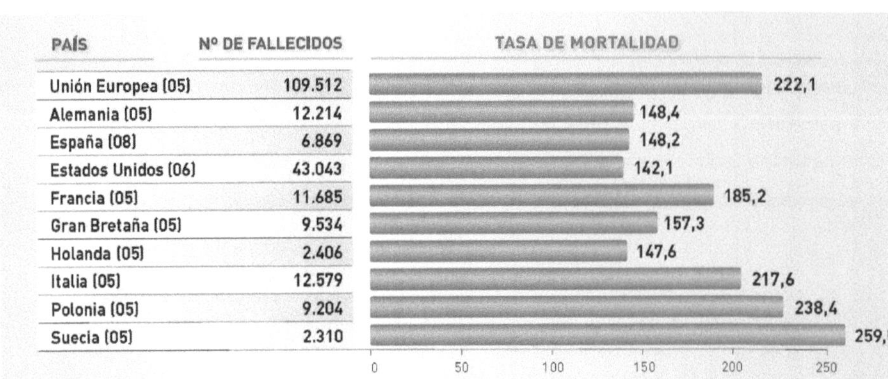

***Gráfico 2:** Fallecidos y mortalidad por accidentes domésticos y de ocio. Internacional. Tasa de mortalidad: Número de fallecidos por millón de habitantes. Fuente: Organismos nacionales e internacionales de salud". (Martínez, 2011, p.16).*

El número de fallecidos en cada país es por millón de habitantes, lo que nos muestra una perspectiva de cuantas personas mueren a causa de un accidente doméstico que pudo evitarse.

En la actualidad existen muchas maneras de poder evitar accidentes domésticos desde tomar medidas de prevención hasta recurrir a la tecnología como ayuda para combatir este problema; esto es poco común ya que la mayoría de las personas no conoce la existencia de sistemas de seguridad encargados de prevenir accidentes domésticos y en sí la mayoría son muy costosos. Por ello se decidió realizar un sistema de seguridad autónomo para casa-habitación, y una de las funciones principales de este sistema de seguridad será prevenir accidentes domésticos y así poder reducir las cifras de mortalidad.

Principales víctimas de accidentes en el hogar.

Las principales víctimas de accidentes domésticos son los niños debido a su poco conocimiento sobre las situaciones de riesgo y su gran curiosidad por conocer el ambiente que los rodea.

Los accidentes domésticos en niños pueden resultar en diversas consecuencias desde heridas leves, hasta que queden con alguna discapacidad y en el peor de los casos la muerte del menor.

> *"Los accidentes son eventos no intencionales que resultan en una lesión corporal cuya mayor frecuencia ocurre en el hogar. Al hablar de la mortalidad por grupos de edad, observamos que ocupa el cuarto lugar como causa de muerte en menores de un año (4%); el primer lugar de mortalidad en edad preescolar, de 1 a 4 años (23%) y en escolares de 5 a 14 años (28.8%). Los accidentes ocasionan que muchos más niños de los que mueren queden con algún tipo de discapacidad". (ISSEMYM 2009 p.6).*

> *"Los accidentes en el hogar son una causa importante de morbilidad y mortalidad infantil a nivel mundial. En los Estados Unidos, los accidentes causan anualmente más muerte entre los niños de 1 a 14 años por el conjunto de las seis causas que le siguen en frecuencia, con una mortalidad de cuatro veces mayor a la del cáncer. En total cada año mueren 8.500 niños y unos 100.000 quedan con secuelas permanentes a causa de*

lesiones y accidentes. En el año 2005 en España se produjeron 428 accidentes en el hogar en niños menores de 1 año, 88.728 en niños entre 1 y 4 años, y 246.625; en niños de 5 a 14 años. Como consecuencia de ello, cada año mueren alrededor de 1.500 niños por accidentes en el hogar, siendo esta la primera causa de muerte en niños menores de 4 años". (Moreno, 2007, p.8).

A continuación se muestra un estudio realizado por *"East Baltimore Healthy Start"* en el cual nos muestra que el nivel económico y otros factores también influyen en los accidentes domésticos de niños.

"El primer factor de riesgo, inherente a la infancia y niñez, y común a todos los niveles sociales es la fase del desarrollo psicomotor en la que se encuentre el niño, así como su temperamento y alteraciones que puedan afectarle como el trastorno por déficit de atención con hiperactividad. Serían estos factores de riesgo intrínseco, mientras que los que exponemos a continuación serían extrínsecos o del entorno del niño.

De forma repetida se hace alusión al ***nivel socioeconómico de la familia****, como posible factor de riesgo para accidentes infantiles. En un trabajo realizado en un barrio de nivel bajo de Baltimore, se realiza el análisis de una experiencia piloto del programa de visita domiciliaria "East Baltimore Healthy Start" en que toman 32 mujeres embarazadas o con niños de menos de doce meses y les aplican un protocolo de seguridad que consiste en información y cupones descuento para la adquisición de material de seguridad para el hogar. Miden el resultado a través de un cuestionario autoinformado y una observación domiciliaria sobre el uso de alarmas contra incendio, puertas en las escaleras y almacenamiento de medicamentos (principales causas de accidente infantil en Baltimore), y valoran también la viabilidad de la utilización del material de seguridad en el entorno.*

El 55% de las madres que decían tener alarmas de incendio que funcionaban, éstas no lo hacían; de las puertas de escaleras sólo 5 de 29 decían tenerlas arriba y 2 abajo, pero ninguna era correcta, además en el 67% de los casos no era posible montarlas arriba y en 38% abajo; La mayoría de las familias decían tener las medicinas bajo llave, pero el 77% no las tenían.

Las condiciones y el diseño de las casas en barrios deprimidos son una barrera para la correcta implementación de los adecuados elementos de seguridad para el hogar". (Esparza, 2011, p.6-7).

La domótica como se había mencionado anterior anteriormente es una forma de brindar confort y seguridad en el hogar por medio de recursos tecnológicos. Muchas instituciones creen que se puede implementar domótica para la prevención de accidentes domésticos, ya que en este mundo tan avanzado tecnológicamente se tiene que aprovechar toda esta tecnología al máximo y con ello romper muchos paradigmas que la misma sociedad se ha creado a lo largo del tiempo sobre la confianza de su seguridad en la tecnología.

"Además de facilitar las tareas cotidianas dentro de un hogar, la domótica tiene aplicación para otras finalidades. Atender las necesidades derivadas de una situación o problemática particular por medio de sistemas de monitorización y seguridad, por ejemplo, posibilita que muchas personas mayores puedan seguir viviendo solas.

En este caso, hablamos de soluciones domóticas que se ajustan a necesidades particulares del usuario y que se distinguen y son complementarias de las propias de funcionamiento de un hogar.

Algunas de las adaptaciones del hogar que posibilita la domótica y que son recomendables bajo un contexto de cuidados son:

- *Control automático de persianas, puertas y luces.*
- *Aumento de la seguridad, mediante los detectores antes mencionados para gas y fuego, así como para detección de intrusos en el hogar.*
- *Gestión de la temperatura ambiente.*
- *Gestión del consumo energético, combinando el correcto uso de la calefacción o el aire acondicionado con la gestión de luces y persianas para conseguir temperaturas e iluminaciones óptimas.*
- *Facilitación de la comunicación y la interacción social, mediante teléfonos inalámbricos, videollamada, acceso a internet, videoportero.*
- *Mayor entretenimiento y confort permitiendo a las personas la utilización de la televisión, el aparato reproductor de música, el DVD y demás dispositivos mediante la utilización de mandos a distancia.*

Otros ejemplos de soluciones domóticas que se adaptan a las necesidades concretas que pueda presentar una persona con dependencia y el propio entorno de los cuidados son:

- *Alertas médicas y de toma de medicamentos.*
- *Alertas visuales de emergencia.*
- *Teleasistencia.*
- *Control remoto de funciones del hogar.*
- *Apagado y encendido automático de luces u otros elementos que requieran de ello.*
- *Guías luminosas.*
- *Detector de caídas o abandono". (Cruz Roja Española, 2010, p.14).*

El bien más preciado que podemos llegar a tener en nuestra vida es la familia, por ello la necesidad de implementar un sistema de seguridad autónomo en nuestra casa-habitación y así brindarles una mayor protección contra robos y accidentes mejorando a grandes rasgos su calidad de vida.

Seguridad inteligente.

La ejecución de una casa inteligencia en el hogar destinada a brindar mayor seguridad a través de diferentes modalidades es de mucha ayuda en nuestro hogar, así, con la automatización, puede lograrse el trabajo de los más adecuados sistemas: la detección de intrusos, de incendio, de gases de combustión, de inundación, de falta de energía, el control de acceso y un sistema de circuito cerrado de televisión pueden ser controlados por este cerebro en forma de placa microprocesada. Hay dos maneras de implementar la automatización: manual o automáticamente, aunque esto último suene redundante. Es decir, activar conjuntos los equipos ya sea por razones de praxis o seguridad. También manualmente puede controlarse un sistema inteligente a través de un control remoto e incluso con un teléfono celular que soporte las tecnologías de Java.

Lenguaje de programación.

El contexto de las casas de hoy en día no es mala, simplemente como todo lo que el ser humano construye, diseña o crea las casas evolucionan constante mente, esta satisfacción se da en diferentes lugares en la cual lo primordial es el confort para los habitantes de la casa-habitación, pero también la importancia que se le da al tema de seguridad es muy significativo ya que les brinda una mayor protección para los miembros de la casa-habitación, también brindando ahorros de tiempo, esfuerzo y mayor esparcimiento dentro de las mismas.

La casa-habitación dependen de un conjunto de procesos para poder permanecer en dicho lugar de instalación, estos elementos se desarrollan dentro de la Domótica la cual suministra todos los recursos tecnológicos que en ella se encuentran. Dentro de este conjunto de adelantos novedosos encontramos los dispositivos comunes como son sensores y controladores pero también encontramos los protocolos diseñados para trabajar con las casas-habitación, como nos menciona el autor Ulises (2010):

> *"Una de las primeras tecnologías usadas por la domótica fue el protocolo X-10, el cual es un protocolo de comunicaciones con la capacidad de enviar datos por la red eléctrica existente. Sin embargo, el protocolo X-10 en sus inicios no fue destinado a la domótica en sí. El protocolo X-10 es ahora un protocolo abierto; fue desarrollado entre 1976 y 1978 por Ingenieros en Pico Electronics Ltd. En Glenrothes, Escocia. Y patentado en 1978, a la fecha la patente ha expirado y cualquiera que lo desee puede trabajar con él". (p.4).*

> *"Entre sus ventajas podemos destacar las siguientes: al hacer uso de la red eléctrica de cada casa, no necesita de un cableado propio, ahorrando en obras e instalaciones. El coste de cada dispositivo es reducido y su sencillez de manejo hace que no se requiera ningún técnico para su instalación (un simple interruptor sirve para asignar las funciones). Esto hace de X-10 un medio ideal para instalaciones reducidas". (Marco, 2004, p.6).*

Cuando los dispositivos electrónicos de la casa-habitación deben comunicarse entre ellas mismas utilizan este lenguaje, como nos menciona el autor Miguel (s.f.):

"X-10 es un "lenguaje" de comunicación que aprovecha la instalación eléctrica existente de 220V de la vivienda.

Básicamente este sistema consiste en enchufar un dispositivo X- 10 a la corriente para que éste pueda transmitir señales de control a través de la red eléctrica y así comunicarse con otros dispositivos X-10 dentro de la casa. Las ventajas que presenta son que no requiere ningún cableado especial y que existe la opción de ir añadiendo dispositivos según las necesidades del usuario.

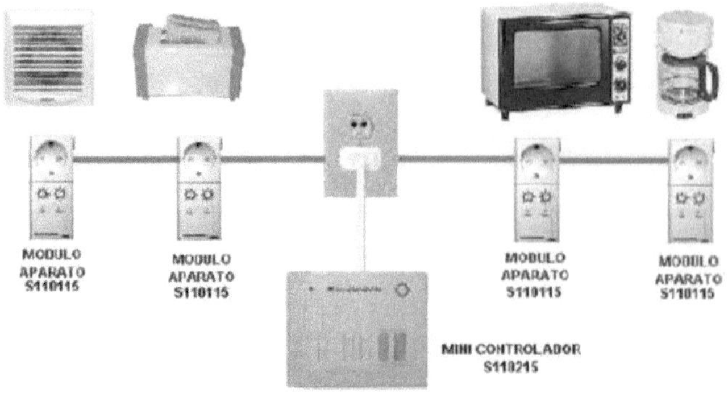

Figura 3. *X-10 en la cocina*

Los dispositivos X-10 son plug and play (conectar y funcionar), de manejo muy sencillo y que ofrecen una amplia gama de posibilidades. Cuando se utiliza este protocolo para comunicar los dispositivos, en primer lugar se envía un comando con el Código de Casa (House Code) y el Número de Módulo (Number Code) que direccional el módulo en cuestión. Existen 256 direcciones posibles, es decir, puede haber hasta 256 dispositivos X-10 en estos hogares. Luego se transmite otro comando con el código de la función a realizar (Function Code). Hay más de 256 funciones soportadas por el protocolo". (p.4).

Los elementos y la arquitectura de la casa-habitación nos brindan la ayuda para poder explicar la manera en que se pueda llevar la instalación al desarrollo de esta misma. Entonces al diseñar una casa-habitación con seguridad autónoma, se tienen que tomar en cuenta ciertos puntos que no deben de faltar en nuestro diseño y estos son parte fundamental de esta tecnología. Componentes fundamentales como el tipo de infraestructura desarrollada en dicha casa-habitación o el tipo de arquitectura utilizada en ella, como nos menciona el autor Nicolás (2005):

"La arquitectura de un sistema domótico, como la de cualquier sistema de control, especifica el modo en que los diferentes elementos de control del sistema se van a ubicar. Existen dos arquitecturas básicas: la arquitectura centralizada y la distribuida.

1. Arquitectura centralizada

Es aquella en la que los elementos a controlar o supervisar han de cablearse hasta el sistema de control de la vivienda (computadora). El sistema de control es el corazón de la vivienda, y si falta todo deja de funcionar, y su instalación no es compatible con la instalación eléctrica convencional en cuanto que en la fase de construcción hay que elegir esta topología de cableado.

2. Arquitectura distribuida

Es aquella en la que el elemento de control se sitúa próximo al elemento a controlar. Hay sistemas que son de arquitectura distribuida en cuanto a la capacidad de proceso, pero no lo son en cuanto a la ubicación física de los diferentes elementos de control y viceversa, sistemas que son de arquitectura distribuida en cuanto a su capacidad para ubicar elementos de control físicamente distribuidos, pero no en cuanto a los procesos de control, que son ejecutados en uno o varios procesadores físicamente centralizados. En los sistemas de arquitectura distribuida que utilizan como medio de transmisión el cable, existe un concepto a tener en cuenta que es la topología de la red de comunicaciones. La topología de la red se define como la distribución física de los elementos de control respecto al medio de comunicación". (p.20).

Presentemente el proyecto cuenta con un modelo, un proceso y un lenguaje de programación todos orientados a objetos, el modelo tiene diseños de sensores, controladores y cámaras de video, ejecutados por un programa desarrollado en Java, como nos menciona los autores Ángel, Lucia, Samantha, Iris & José (2007):

"En los sistemas donde están presentes aplicaciones Domóticas utilizando programación en JAVA, la interfaz electrónica utilizada para comunicarse con el circuito de control son los puertos serie RS-232 y paralelo IEEE-1284, debido a que la librería del API de comunicaciones (javax.comm) limita su uso a estos puertos. Sin embargo una de las tecnologías de mayor aplicación para la conexión de dispositivos periféricos en la actualidad es el protocolo USB, por lo que se decidió buscar la forma de integrarlo con JAVA.

Al no tener JAVA un soporte robusto para el protocolo USB se optó por crear un puerto serie virtual para que así el programa en JAVA perdiera complejidad en su programación. Dicho puerto serie virtual se crea al conectar el circuito microcontrolador a cualquier puerto USB de la PC, con ayuda de un firmware apropiado. Para la comunicación entre JAVA y el puerto serie virtual se utilizó la librería RxTx como alternativa a la librería oficial de "Sun Microsystems".

2. Desarrollo

A través de la programación en JAVA, se desarrolla un sistema de control a ejecutarse en la PC se conecta al microcontrolador utilizando el protocolo de comunicación USB; el dato recibido por el microcontrolador es sacado de forma paralela a través de sus puertos, esta salida pasa por una etapa de potencia para finalmente aplicar el control sobre los dispositivos deseados. De manera general, nuestro sistema de control se muestra en el diagrama a bloques de la figura 1.

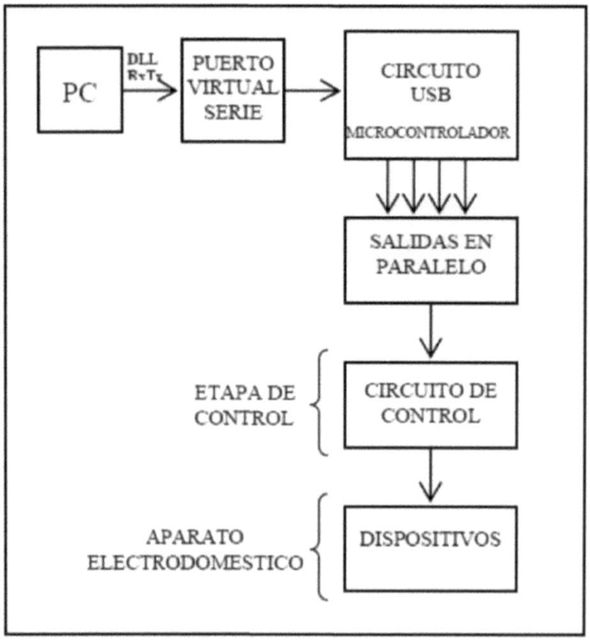

Figura 4. *Esquema del Sistema de Control.*

Programación en JAVA

La librería que nos ofrece Java para lograr la comunicación del programa a ejecutar y el microcontrolador (parte física), se encuentra en el paquete "javax.comm", este proporciona el soporte para dispositivos serie y paralelo, sin embargo al no estar disponible su descarga en el sitio oficial de SUN Microsystems, se pueden utilizar como alternativa la librería genérica RxTx, permitiéndonos de la misma manera, la manipulación de los puertos. El microcontrolador permite crear un puerto serie virtual, el cual se comunica físicamente con la computadora a través del puerto USB, y virtualmente con el programa de JAVA. Además este microcontrolador se utiliza para proporcionar las diferentes salidas de control, convirtiendo la señal serie en paralelo". (p.45).

Además se está planeando la parte del diseño y construcción de las casas para poder tener una eficacia y una mayor rapidez para la instalación de dichos sistemas que brinden una mayor seguridad en casas-habitación, como nos menciona el autor Joseph (2008):

"El Proyecto Casa-habitación estará integrado por las siguientes obras permanentes:

- ✓ *Casa principal*
- ✓ *Casita*
- ✓ *Alberca*
- ✓ *Área de servicios*
- ✓ *Área para animales de corral*
- ✓ *Salón de Usos Múltiples*
- ✓ *Instalaciones deportivas*
- ✓ *vialidades*

Y obras asociadas,

- ✓ *Planta de tratamiento de aguas residuales*

Ambas casas tendrán dos niveles y como parte de su infraestructura, contarán con calentador solar de agua, que funciona a partir de colectores solares interconectados, un tanque térmico aislado para el agua caliente y unidades de control automático. Los colectores solares son calentados por la radiación del sol generando energía, la cual es utilizada para calentar el agua que posteriormente es almacenada y queda lista para su utilización. Además, las casas contarán con un sistema que capta los rayos solares y los convierte en electricidad a través de paneles fotovoltaicos. La electricidad a su vez, es acondicionada por un inversor para poder ser usada por los aparatos electrodomésticos. Cuando la energía generada por los paneles es mayor a la consumida dentro del hogar, esta puede ser suministrada a la red pública de electricidad. Dicho excedente es registrado y almacenado, por lo tanto, puede ser consumido posteriormente". (p.24).

La casa-habitación será capaz de adaptarse a nuestro modo de vida mejorando las condiciones estándares que se ven involucradas en ella y también facilitando la ejecución de acciones continuas, como el apagado y cierre de persianas por la noche e incluso por él día, manteniendo la casa-habitada con la función de simulación de presencia en nuestra ausencia de forma automática, realizando acciones programadas de mantenimiento, y acciones adaptadas a las condiciones climáticas, así mismo avisando de las detecciones hechas por los sensores en tiempo real, y viabilizando nuestro acceso a la casa desde cualquier punto en la que nos encontremos mediante el teléfono móvil o dispositivo compatible con este sistema de seguridad.

Base de datos.

Para un sistema de seguridad es indispensable contar con una base de datos bien actualizada, debido a que en esta base de datos se almacenaran todos los datos importantes que empiece a generar el sistema de seguridad acerca del usuario y sus necesidades. De forma general se define como una base de datos a:

> *"una serie de datos relacionados que forman una estructura lógica, es decir una estructura reconocible desde un programa informático.*
>
> *Esa estructura no sólo contiene los datos en sí, sino la forma en la que se relacionan.*
>
> *Las bases de datos empiezan a aparecer en los años 60 y triunfan en los años setenta y ochenta". (Sánchez, 2004, p.7).*

En la actualidad el uso de bases de datos es de carácter común entre las personas que manejan datos, así que es de vital importancia conocer su estructura, su funcionamiento y cuales son consideradas las mejores bases de datos.

> *"Las bases de datos están compuestas (como ya se han comentado), de datos y de metadatos. Los metadatos son datos (valga la redundancia) que sirven para especificar la estructura de la base de datos; por ejemplo qué tipo de datos se almacenan (si son texto o números o fechas), qué nombre se le da a cada dato (nombre, apellidos), cómo están agrupados, cómo se relacionan.*
>
> *De este modo se producen dos visiones de la base de datos:*
>
> *Estructura lógica. Indica la composición y distribución teórica de la base de datos. La estructura lógica sirve para que las aplicaciones puedan utilizar los elementos de la base de datos sin saber realmente cómo se están almacenando.*
>
> *Es una estructura que permite idealizar a la base de datos. Sus elementos son objetos, entidades, nodos, relaciones, enlaces,... que realmente no tienen presencia real en la física del sistema. Por ello para acceder a los datos tiene que haber una posibilidad de traducir la estructura lógica en la estructura física.*
>
> *Estructura física. Es la estructura de los datos tan cual se almacenan en las unidades de disco. La correspondencia entre la estructura lógica y la física se almacena en la base de datos (en los metadatos)". (Sánchez, 2004, p.7).*

Por lo regular las sentencias de las bases de datos en su mayoría se encuentran programadas en el idioma inglés ya que este es considerado el idioma más universal a nivel mundial.

Gestor de base de datos.

Para la realización de una base de datos existen programas llamados gestores de base de datos, encargados de la creación y edición de las bases de datos. En la actualidad existe infinidad de estos sistemas en su mayoría programados en inglés, pero se puede encontrar algunos sencillos en idioma español como Microsoft Access perteneciente a la paquetería de office.

> *"Los programas informáticos destinados a manejar bases de datos se denominan gestores de bases de datos. Estos programas permiten almacenar y recuperar información de cualquier tipo grabada adecuadamente de acuerdo con las normas que rigen los archivos de bases de datos. Los gestores de bases de datos más usados son Access, Oracle, Sybase, MySQL, SQL Server, Paradox e IBM DB2. También dispones de algunos gratuitos, como Base de OpenOffice.org". (Donostiarra, 2008, p.254).*

El sistema de seguridad autónomo para casa habitación debe contar con un gestor de bases de datos de alta calidad y que pueda almacenar una gran cantidad de información. La utilización de un buen gestor de bases de datos implica el hecho de requerir un servidor web en donde poder alojar los datos, es muy importante que sea un servidor seguro ya que en él se almacenara información privada. Los gestores de bases de datos se basan en mantener una relación entre los datos y sus usuarios. Deben contar con ciertas herramientas para la realización de esta relación y así mantener un buen funcionamiento. Con ello lograr éxito en el mercado.

> *"El éxito del DBMS reside en mantener la seguridad e integridad de los datos. Lógicamente tiene que proporcionar herramientas a los distintos usuarios. Entre las herramientas que proporciona están:*
>
> - *Herramientas para la creación y especificación de los datos. Así como la estructura de la base de datos.*
> - *Herramientas para administrar y crear la estructura física requerida en las unidades de almacenamiento.*
> - *Herramientas para la manipulación de los datos de las bases de datos, para añadir, modificar, suprimir o consultar datos.*
> - *Herramientas de recuperación en caso de desastre*
> - *Herramientas para la creación de copias de seguridad*
> - *Herramientas para la gestión de la comunicación de la base de datos.*

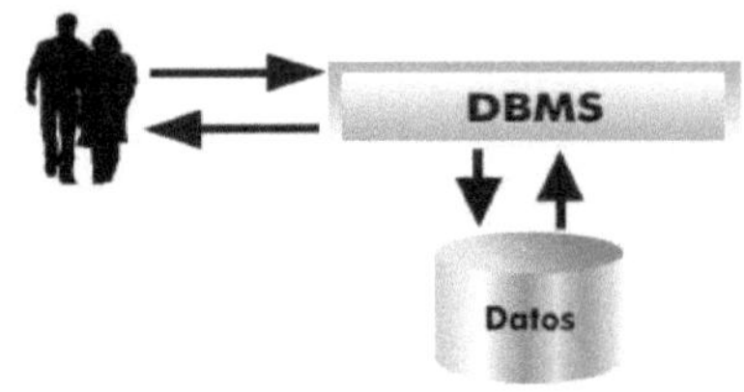

__Figura 5.__ Esquema del funcionamiento y utilidad de un sistema gestor de base de datos". (Sánchez, 2004, p.9-10).

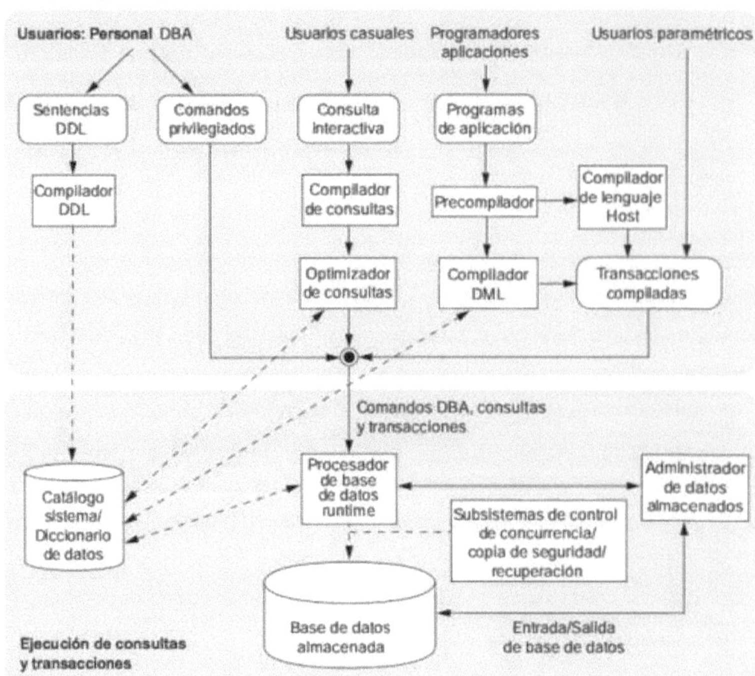

En **Figura 6.** Módulos constituyentes de un DBMS y sus interacciones.
general un sistema gestor de base de datos SGBD o DBMS (Data Base Management System) figura 6, requiere de una muy compleja red de interacciones entre los datos, el usuario y el mismo sistema.

Oracle.

Oracle es una empresa que cuenta con un gestor de bases de datos, actualmente es uno de los gestores más conocidos y más confiables para la realización de una base de datos segura.

> *"Oracle es una base de datos relacional para entornos cliente/servidor.*
>
> *Todo lo que hablemos a partir de ahora será aplicable sólo a bases de datos Relacionales cliente/servidor, concretamente para bases de datos Oracle7 y Oracle8.*
>
> *Funciones de las bases de datos*
>
> *a) Permitir la introducción de datos por parte de los usuarios (o programadores).*
>
> *b) Salida de datos.*
>
> *c) Almacenamiento de datos.*
>
> *d) Protección de datos (seguridad).*
>
> *e) Elaboración de datos". (Navarro, 2007, p.6).*

En la actualidad la versión más actualizada de Oracle es la "Oracle Database 12c"

> *"Oracle Database 12c presenta una nueva arquitectura de tenencia múltiple que hace más fácil implementar y gestionar nubes de bases de datos. Las innovaciones como Oracle Multitenant, para consolidar múltiples bases de datos rápidamente, y Automatic Data Optimization with Heat Map, para comprimir y apilar datos a mayor densidad, maximizan la eficiencia y flexibilidad de los recursos. Estos avances únicos, combinados con grandes mejoras en disponibilidad, seguridad y soporte para grandes volúmenes de datos, hacen de Oracle Database 12c la plataforma ideal para implementaciones de nubes públicas y privadas". (Oracle, 2014, p.1).*

SQL Server.

SQL Server es un sistema gestor de bases de datos perteneciente a Microsoft, está considerado uno de los mejores sistemas de gestión de base de datos debido a sus grandiosas características como el poder almacenar grandes cantidades de información en su servidor web. Actualmente Microsoft lanzó al mercado su versión más reciente SQL Server 2014.

"SQL Server 2014, the latest complete information platform from Microsoft, embodies the new era of Microsoft's Cloud OS, which provides organizations and customers with one consistent platform for infrastructure, apps and data that span customer data centers, hosting service-provider data centers, and the Microsoft public cloud. The benefits that customers experience with a consistent platform include common development, management, data, identity, and virtualization, no matter where an application is being run.

SQL Server 2014 also offers organizations the opportunity to efficiently protect, unlock, and scale their data across the desktop, mobile devices, data centers, and a private, public, or hybrid cloud. Furthermore, SQL Server 2014 builds on the success of SQL Server 2012 by making a strong impact on organizations worldwide with significant new capabilities that are tightly aligned to the trends transforming the IT industry, including Microsoft's Cloud OS. SQL Server provides mission-critical performance for the most demanding database applications while delivering the highest forms of security, scalability, high availability, and support. SQL Server 2014's mission is to deliver faster insights into big data, small data—all data—and, most importantly, deliver business intelligence in a consumable manner through familiar tools such as Microsoft Excel.

Finally, SQL Server 2014 enables new unique hybrid-cloud solutions based on the Cloud OS. These solutions can positively affect an organization's bottom line and allow an organization to create innovative solutions for its database applications". (Musgrave, 2014, p.3).

Para una mejor comodidad su traducción:

"SQL Server 2014, la última plataforma de información completa de Microsoft, encarna la nueva era del sistema operativo de Microsoft Cloud, que proporciona a las organizaciones y los clientes con una plataforma coherente para infraestructura, aplicaciones y datos que abarcan los centros de datos del cliente, proveedor de servicios de hospedaje y la nube pública de Microsoft. Los beneficios que los clientes experimentan con una plataforma coherente incluyen desarrollo común, gestión, datos, identidad y digitalización, no importa donde se ejecuta una aplicación.

SQL Server 2014 también ofrece a las organizaciones la oportunidad de proteger eficientemente, desbloquear y escalar sus datos en el escritorio, dispositivos móviles, centros de datos y un privado, público, o nube hibrida. Además, SQL Server 2014 se basa en el éxito de SQL Server 2012 por maketing un fuerte impacto en las organizaciones en todo el mundo con nuevas capacidades significativas que son firmemente alineadas con las tendencias de transformación de la industria, incluyendo sistemas operativos de la nube de Microsoft. SQL Server proporciona rendimiento de misión crítica para las más exigentes aplicaciones de base de datos mientras se cumplen las formas más altas de seguridad, escalabilidad, alta disponibilidad y apoyo. La misión de SQL Server 2014 es entregar más rápidas penetraciones en datos grandes, pequeños, todos los datos — y, lo más importante, ofrecer inteligencia de negocios en una forma consumible a través de herramientas conocidas como Microsoft Excel.

Finalmente, SQL Server 2014 permite nuevas soluciones de nube híbrido único basadas en la nube OS. Estas soluciones positivamente pueden afectar la línea de fondo de una organización y permite una organización crear soluciones innovadoras para sus aplicaciones de base de datos". (Musgrave, 2014, p.3).

Este proyecto pone en evidencia que es posible implementar un sistema de seguridad basado en sensores de movimiento con un margen elevado de confiabilidad. Es posible utilizar componentes electrónicos comunes e incluso plataformas de hardware y software libre, como lo son Arduino, el cual permite construir e integrar una serie de dispositivos formando una red de seguridad que abarque toda una casa, utilizando los sensores de movimiento que puedan controlar las diferentes características en puertas, ventanas, techos, etc. Y los sistemas de vigilancias de circuito cerrado que permiten la visualización detallado de situaciones externas al hogar permitiéndole una seguridad máxima para los habitantes de la casa-habitación.

La dirección o las tendencias futuras de la tecnología aplicadas a la arquitectura e infraestructura de la casa-habitación serán enfocadas hacia un futuro de comodidad y confort sin olvidar el mejor desempeño de tareas que cumplirán estas mismas, ayudando a reducir problemáticas que se presentan hoy en día como son los casos de robos y accidentes, brindándole prevenciones previas a dichas situaciones.

Fuentes de consulta.

Libros.

Jorge Sánchez, Diseño Conceptual de Bases de Datos: Guía de aprendizaje, Creative Commons, México, 2004.

Martín Domínguez, Hugo Y Sáez Vacas, Fernando, Domótica: Un enfoque sociotécnico, Fundación Rogelio Segovia para el Desarrollo de las Telecomunicaciones, Madrid, 2006.

Ramez Elmasri & Shamkant V. Navathe, Fundamentos de sistemas de bases de datos, Pearson Addison Wesley, Madrid, 2007

Revista.

Martínez García, F. (Marzo 2011) Accidentalidad y principales factores de riesgo: El estado de la seguridad EN EL HOGAR Y EL OCIO. Seguridad y medio ambiente, 121, 16. Obtenido de la Red Mundial el 27 de octubre de 2014, http://www.mapfre.com/fundacion/html/revistas/seguridad/n121/docs/Articulo1.pdf

Referencias web.

Alatorre Frenk, Claudio, "Energías renovables para el desarrollo sustentable en México". Obtenido de la Red Mundial el 19 de septiembre de 2014, http://www.sener.gob.mx/res/0/ER_para_Desarrollo_Sustentable_Mx_2009.pdf

Ángel, Lucia, Samantha, Iris & José, "Aplicaciones JAVA en Domótica". Obtenido de la Red Mundial el 20 de noviembre de 2014, http://www.mecamex.net/anterior/cong06/articulos/60708final.pdf

Apolo Calle, J. L., Torres Banchón, E. A. Y Valivieso, Carlos, "Sistema de seguridad domiciliaria". Obtenido de la Red Mundial el 22 de septiembre de 2014, https://www.dspace.espol.edu.ec/bitstream/123456789/5345/1/SISTEMA%20DE%20SEGURIDAD%20DOMICILIARIA.pdf

ARCIÓN, "Robo a casa-habitación". Obtenido de la Red Mundial el 23 de Octubre de 2014, http://revista.cleu.edu.mx/new/descargas/1304/articulos/03%20-%20Robo%20a%20casa-habitacion.pdf

Asociación Española de Domótica, (CEDOM). Instituto para la Diversificación y Ahorro de Energía, (IDEA)., Gobierno de España, Y AENORediciones, "Como ahorrar energía instalando domótica en su vivienda". Obtenido de la Red Mundial el 21 de septiembre de 2014, http://www.idae.es/uploads/documentos/documentos_11187_domotica_en_su_vivienda_c7a81517.pdf

Cruz Roja Española, "Guía Básica de Prevención de Riesgos y Adaptación de Espacios para Cuidadores". Obtenido de la Red Mundial el 28 de Octubre de 2014, http://www.sercuidador.es/pdf/GUIA_PREVENCION.pdf

Devon Musgrave, "Introducing Microsoft SQL Server 2014 Technical Overview". Obtenido de la Red Mundial el 20 de noviembre de 2014, https://www.google.com.mx/url?sa=t&rct=j&q=&esrc=s&source=web&cd=1&cad=rja&uact=8&ved=0CB4QFjAA&url=http%3A%2F%2Fdownload.microsoft.com%2Fdownload%2FD%2FF%2F2%2FDF25A191-1FA4-4BC2-925C-492D616CF7FA%2FMicrosoft_Press_ebook_Introducing_Microsoft_SQL_S

erver_2014_PDF.pdf&ei=9LF2VLGuC4SWNvGHg6AB&usg=AFQjCNHs2O XDo-DFN8_IANT5-BlpzVs4iQ&sig2=xiD1xN7Z2XDVkfKbSrmSew&bvm=bv.80642063,d.eXY

Donostiarra, "Gestores de bases de datos". Obtenido de la Red Mundial el 25 de noviembre de 2014, http://www.editorialdonostiarra.com/pdf/389_UD-11_TIC.pdf

Dra. Esparza Olcina, María de Jesús Y Grupo PrevInfad, "Prevención de lesiones infantiles por accidente doméstico". Obtenido de la Red Mundial el 25 de Octubre de 2014, http://www.aepap.org/previnfad/pdfs/previnfad_accidentes_domesticos.pdf

FACUA Andalucía, "Accidentes en el hogar". Obtenido de la Red Mundial el 28 de Octubre de 2014, http://www.consumoresponde.es/sites/default/files/Gu%C3%ADa%20Accidentes%20en%20el%20Hogar.pdf

García, E. "¡10 consejos para la seguridad de tu casa!" Obtenido de la Red Mundial el 24 de Octubre de 2014, http://www.nosotras.com/actualidad/10-consejos-para-seguridad-tu-casa-104143
http://tesis.luz.edu.ve/tde_arquivos/155/TDE-2012-04-09T07:32:32Z-2736/Publico/moreno_barrios_maricela_josefina.pdf

ISSEMYM, ""PREVENCIÓN DE ACCIDENTES". Obtenido de la Red Mundial el 29 de Octubre de 2014, http://www.issemym.gob.mx/uploads/Files/Publicaciones/Articulos_medicos/prevencion_de_accidentes.pdf

Joseph, "Proyecto casa-habitación". Obtenido de la Red Mundial el 20 de noviembre de 2014, http://sinat.semarnat.gob.mx/dgiraDocs/documentos/bcs/estudios/2008/03BS2008FD124.pdf

López Pacheco, D. Israel Y Valdez Ortiz, M. Edgar, "Implementación de sistemas automáticos en casa habitación". Obtenido en la Red Mundial el 23 de septiembre de 2014, http://itzamna.bnct.ipn.mx/dspace/bitstream/123456789/10582/1/130.pdf

Luna, E. "Delitos en México". Obtenido de la Red Mundial el 23 de Octubre de 2014, http://mucd.org.mx/recursos/Contenidos/Estudiosycifras/documentos2/Datos%20sobre%20delitos%20en%20Mexico.pdf

Maestro, J. Antonio, "Domótica e Inmótica". Obtenido en la Red Mundial el 20 de septiembre de 2014, http://www.nebrija.es/~jmaestro/ATA018/Domotica.pdf

Miguel, "La casa inteligente". Obtenido de la Red Mundial el 20 de noviembre de 2014, http://www.it.uc3m.es/jvillena/irc/practicas/08-09/24.pdf

Moreno, M. "Morbilidad y mortalidad por accidentes en el hogar en niños menores de 5 años". Obtenido de la Red Mundial el 29 de Octubre de 2014,

Nicolás, "Las tesinas de Belgrano". Obtenido de la Red Mundial el 20 de noviembre de 2014, http://www.ub.edu.ar/investigaciones/tesinas/179_castelvetri.pdf

Oracle, "Iniciación a Oracle8". Obtenido de la Red Mundial el 23 de noviembre de 2014, http://www.lawebdelprogramador.com/cursos/CPY/1747/CursoOracle.pdf

Oracle, "Oracle Database". Obtenido de la Red Mundial el 23 de noviembre de 2014, http://www.oracle.com/lad/products/database/overview/index.html?printOnly=1

Rivas Cruz, Juan Antonio Y Velázquez Villa, Carlos Antonio, "Implementación de sistema de seguridad con video-vigilancia y software libre". Obtenido de la Red Mundial el 14 de septiembre de 2014, http://tesis.ipn.mx:8080/xmlui/handle/123456789/11622

Ruiz, R. "El Robo a Hogares". Obtenido de la Red Mundial el 25 de Octubre de 2014, http://www.repaso.com.mx/detArticulo.php?idSecc=2&idArt=496

Salazar Guerrero, René, "Fundamentos de mecatrónica: Sensores". Obtenido de la Red Mundial el 19 de septiembre de 2014, http://www.cnad.edu.mx/sitio/matdidac/md/control/SENSORESPARTE1.pdf

SSP, "Manual del Factor Preventivo". Obtenido de la Red Mundial el 24 de Octubre de 2014, http://www.ssp.gob.mx/portalWebApp/ShowBinary?nodeId=/BEA%20Repository/372138//archivo

Thomson, Christopher, "Como utilizar un servo con motor arduino". Obtenido de la Red Mundial el 20 de septiembre de 2014, http://www.olimex.cl/tutorial/Guia%20MCI%20-%20Servo%20motor%20con%20Arduino.pdf

Ulises, "Diseño de un sistema de automatización de casa-habitación, a través de la línea eléctrica utilizando el protocolo X-10". Obtenido de la Red Mundial el 20 de noviembre de 2014, http://tesis.ipn.mx/jspui/bitstream/123456789/13091/1/ice289.pdf

Universidad de Castilla-La Mancha (UCLM), “Energía eólica”. Obtenido de la Red Mundial el 30 de agosto de 2014, http://www.uclm.es/profesorado/ajbarbero/FAA/EEOLICA_Febrero2012_G9.pdf

Vignoni, José Roberto, “Sensores”. Obtenido de la Red Mundial el 29 de agosto de 2014, http://www.ing.unlp.edu.ar/electrotecnia/procesos/transparencia/Sensores.pdf

DOI.

Marco Ferreira Gili., 2004. “CAMINO AL HOGAR INTELIGENTE”. Vol. 56. (Noviembre 2014), p.6. <http://dx.doi.org/10.3989/ic.2004.v56.i494.443>